BEI GRIN MACHT SICH IHR WISSEN BEZAHLT

AF144636

- Wir veröffentlichen Ihre Hausarbeit,
  Bachelor- und Masterarbeit

- Ihr eigenes eBook und Buch -
  weltweit in allen wichtigen Shops

- Verdienen Sie an jedem Verkauf

Jetzt bei www.GRIN.com hochladen und kostenlos publizieren

Bibliografische Information der Deutschen Nationalbibliothek:

Die Deutsche Bibliothek verzeichnet diese Publikation in der Deutschen National-
bibliografie; detaillierte bibliografische Daten sind im Internet über http://dnb.d-
nb.de/ abrufbar.

Impressum:

Copyright © 2013 GRIN Verlag, Open Publishing GmbH
Druck und Bindung: Books on Demand GmbH, Norderstedt Germany
ISBN: 9783668281486

Dieses Buch bei GRIN:

http://www.grin.com/de/e-book/338245/diagnose-und-foerderung-von-schuelern-
mit-rechenschwaeche-dokumentation

Sofia Markgraf

Diagnose und Förderung von Schülern mit Rechenschwä-che. Dokumentation einer Mathematik-Förderunter-richtseinheit an einer Förderschule für Lernhilfe

GRIN Verlag

GRIN - Your knowledge has value

Der GRIN Verlag publiziert seit 1998 wissenschaftliche Arbeiten von Studenten, Hochschullehrern und anderen Akademikern als eBook und gedrucktes Buch. Die Verlagswebsite www.grin.com ist die ideale Plattform zur Veröffentlichung von Hausarbeiten, Abschlussarbeiten, wissenschaftlichen Aufsätzen, Dissertationen und Fachbüchern.

Besuchen Sie uns im Internet:

http://www.grin.com/

http://www.facebook.com/grincom

http://www.twitter.com/grin_com

Abschlussbericht

Zertifikatskurs „Umgang mit Rechenstörungen"

(Januar bis November 2013)

Pädagogische Hochschule Karlsruhe

Institut für Mathematik und Informatik

Verfasst von Sofia Markgraf

Dezember 2013

Inhaltsverzeichnis

1. Persönliche Angaben

1.1. Zu mir als durchführende Lehrerin des Förderunterrichts

Name: Sofia Markgraf

Schule: Förderschule mit dem Förderschwerpunkt Lernen

Studienabschlüsse:

-Lehramt für die Grundschule; Fächer: Deutsch und Sachunterricht (1992)

- Aufbaustudium: Fach „Deutsch als Fremdsprache" (1997)

-Aufbaustudium: Lehramt für die Haupt- und Realschule; Fach: Physik (2006)

Mein Einsatz im Fach Mathematik

-Jahrgangstufen 1-9 an der Förderschule

-In der „Inklusiven Beschulung" (ehemals „Gemeinsamer Unterricht/Integrationsunterricht") in allen Jahrgangstufen der Grundschule sowie in den Klassen 5-7 der Sekundarstufe 1

-Lea unterrichte ich u. a. im Fach Mathematik als Klassenlehrerin seit der Klasse 3

1.2. Zur am Förderunterricht teilnehmenden Schülerin

Name: Lea (geändert)

Alter: 11 Jahre

Schule: Förderschule mit dem Förderschwerpunkt Lernen in A-Stadt

Klasse: 5

Vorgeschichte:

In der 1. Klasse wurde bei Lea ein sonderpädagogischer Förderbedarf im Bereich Lernhilfe festgestellt. Seit dem 2. Schulhalbjahr der 2. Klasse besucht Lea die Förderschule. In ihrem sonderpädagogischen Gutachten wurden u. a. „Entwicklungsverzögerungen unklarer Genese mit Sprachentwicklungsstörungen" attestiert.

Probleme zeigen sich beim Rechnen, Schreiben, Lesen und im Selbstwertgefühl des Mädchens.

Leas Konzentrationsfähigkeit ist starken Schwankungen unterworfen. Sie lässt sich leicht ablenken und muss häufig zur Weiterarbeit aufgefordert werden.

Lea spricht in einfachen, oft grammatikalisch falschen Sätzen. Sie befindet sich seit der 1. Klasse in logopädischer Behandlung.

Sie hat ein langsames Arbeitstempo und ist feinmotorisch geschickt. In die Klassengemeinschaft ist sie gut integriert.

Ihre Eltern sind sehr an ihrer schulischen Entwicklung interessiert und zur Mitarbeit motiviert.

2. Organisatorische Angaben zur Durchführung des Förderunterrichts

2.1. Förderzeitraum

März 2013 bis Dezember 2013 (ca. 16 Förderstunden, davon 6 Wochen Krankheitsausfall von Lehrerin; 2 Wochen von Schülerin)

2.2. Organisationsform

Am Förderunterricht nahmen neben Lea noch zwei weitere Schülerinnen aus anderen Klassen (4.+6. Kl.) teil. Es fand wöchentlich eine 40-minütige Förderstunde statt (mittwochs 5. Stunde). Als Stundeneinstiegsritual wählte ich unterschiedliche Übungen zur „Quasi simultanen Zahlauffassung" (Blitzsehen), die bei den SchülerInnen durch den „spielerischen Rate-Charakter" sehr beliebt waren.

Für die Diagnostik benötigte ich jeweils zwei Einzelstunden mit jeder Schülerin. Eine große Hilfe für eine detaillierte Auswertung waren die Videoaufnahmen, die ich während der Diagnostik erstellte.

Zusätzlich trainierte Lea täglich 10 Minuten in jeder Mathematikstunde am PC mit den Lernprogrammen „Lernwerkstatt" und „Budenberg" selbständig aktuelle Inhalte der Förderstunden (z. B. die Übung „Verliebte Herzen" zur Zahlzerlegung der Zahl 10 mit der Lernwerkstatt).

Leas Eltern erklärte ich, wie sie mit ihr zu Hause am Rechenrahmen üben können. Desweiteren lieh ich ihnen CDs mit den Lernprogrammen „Lernwerkstatt" und „Budenberg" . Lea erhielt während des Förderzeitraumes individuell auf den Förderunterricht abgestimmte Hausaufgaben.

Mit Lea und den Eltern vereinbarte ich zusätzlich noch einen „Verstärkerplan". Lea bekam für 10 Minuten Übungszeit zu Hause einen Fleißstempel von mir, die Eltern notierten die Übungszeiten in Leas Hausaufgabenheft. Sobald Lea 10 Fleißstempel gesammelt hatte durfte sie in meine „Überraschungskiste" (Inhalt z. B. Gutschein für 1 Brötchen oder 1 Getränk an unserem Schulkiosk, Schulutensilien etc.) greifen. Dieses Belohnungssystem motivierte Lea sehr, sie sammelte fleißig Stempel.

Die Mathematiklehrerinnen der beiden anderen am Förderunterricht teilnehmenden Schülerinnen bekamen ebenfalls eine „Einweisung" in den korrekten Umgang mit dem Rechenrahmen/Einsatz Mehrsystemblöcke bzw. den Grundsätzen der richtigen Hilfengebung. Mit einer der beiden Mathematiklehrerinnen fand ein regelmäßiger Austausch statt.

3. Diagnose und Förderung

3.1. Zählen

3.1.1. Erstdiagnose
-Vorwärtszählen in Einer-Schritten bis 20 gelingt
- Vorwärtszählen in Einer-Schritten bis 100 zögert bei Schnapszahlen: nennt 54, lässt 55 aus und zählt weiter bei 56
-Vorwärtszählen in Zehnerschritten ab 10 gelingt
-Vorwärtszählen in Zehnerschritten ab 17 gelingt nicht
-Rückwärtszählen ab 20 gelingt, jedoch sehr zögerlich und langsam
-Rückwärtszählen ab 100 gelingt nicht, Lea hat Probleme bei den Zehnerübergängen zählt z.b. 92, 91, 80, 70,
-Rückwärtszählen in Zehnerschritten ab 90 gelingt

3.1.2. Fördermaßnahmen
-Spiel „Räuber und Goldschatz": bei diesem Würfelspiel muss je nach Variante im ZR 20 oder 100 korrekt vorwärts/rückwärts gezählt werden, um den Goldschatz zu erreichen. Geübt wird das Erkennen und Lesen von Zahlen, das Einprägen der Zahlreihe sowie das simultane Erfassen der Würfelbilder.

3.1.3. Derzeitiger Stand
Lea hat an Sicherheit im Vorwärts- und Rückwärtszählen gewonnen, was als ein Indiz für eine verbesserte Zahlvorstellung zu werten ist.

3.2. Zahlendiktat

3.2.1. Erstdiagnose
-Lea schreibt noch viele Zahlen invers, (außer die ganzen Zehner und die Zahlen unter 20)
-vereinzelt Zahlendreher

3.2.2. Fördermaßnahmen
-Hörtraining: Welche Zehner hörst du in der Zahl? Welche Einer?
-Taschenrechnerdiktat

-Spiel Mr.X: In meiner Schachtel sind x Zehnerstangen und x Einer, die SchülerInnen müssen nun die Menge erraten, Hilfengebung: Es sind mehr Zehnerstangen, aber weniger Einerwürfel etc.

-wechselseitige Übersetzungen zwischen Zahlwörtern, Zahlzeichen und Mengen geübt (Zahlen u. a. mit Mehrsystemblöcken legen lassen zur Veranschaulichung der Zehner und Einer)

3.2.3. Derzeitiger Stand

Lea macht bei Zahlendiktaten weniger Fehler

3.3. Umgang mit Rechenrahmen/Mehrsystemblöcken

3.3.1. Erstdiagnose

-nutzt die Zehnerstruktur (RR+MSB)

-nutzt keine Fünferstruktur

-Zahlendreher bei Einstellen von Zahlen, stellt z. B. 84 statt 48 ein

3.3.2. Fördermaßnahmen

-schnelles Einstellen von Zahlen am Rechenrahmen mit Nutzung der Fünferstruktur geübt (zuerst ohne Kommentar schieben lassen➔Fallhöhe erzeugen; anschließend Vorteil der Fünferbündelung erklärt)

-Roboterspiel: „Sage mir, was ich am Rechenrahmen schieben soll."

-Fünferbündelung mit Mehrsystemblöcken geübt

3.3.3. Derzeitiger Stand

Die Nutzung der Fünferstruktur ist bei Lea weitgehend automatisiert, wenn sie einzelne Zahlen einstellen soll. Bei Rechenoperationen z. B. 9+7 kommt es häufig vor, dass sie beim Einstellen der ersten Zahl die Fünferbündelung nutzt, bei der zweiten Zahl alle Einer einzeln schiebt.

3.4. Schnelles Sehen (Quasisimultane Zahlauffassung)

3.4.1. Erstdiagnose

Leas Wahrnehmungsdefizite zeigten sich deutlich bei Aufgaben zum „schnellen Sehen". Von zehn schnell am Rechenrahmen gezeigten Zahlen konnte sie nur zwei richtig benennen.

3.4.2. Fördermaßnahmen

-Übung „Blitzsehen" am Rechenrahmen und mit Würfelbildern nach Zeitvorgabe; mit und ohne Beschreibung des „Bildes"

-tägliche Übungen zum „Schnellen Sehen" s. Punkt 2.2.

3.4.3. Derzeitiger Stand

Das tägliche Training und der hohe Motivationscharakter dieser Übung hat sich ausgezahlt Lea entwickelte großen Ehrgeiz, in einer vorgegebenen Zeit, möglichst viele Zahlen richtig zu nennen. Je nach Konzentration gelingt es ihr manchmal fast doppelt so viele Zahlen in einer Minute korrekt zu erfassen wie zu Beginn der Förderung. Diesen Fortschritt führe ich darauf zurück, dass Lea u. a. die Strukturmerkmale des Rechenrahmens nutzt.

3.5. Zahlzerlegung

3.5.1. Erstdiagnose

-beherrscht die Zahlzerlegung bis zur Zahl 5 sicher

-die Zahlzerlegung der Zahlen 6-10 beherrscht sie in den Phasen 1+2, und ansatzweise in Phase 3; in der Phase 4 braucht sie sehr viel Nachdenkzeit, um auf das richtige Ergebnis zu kommen

3.5.2. Fördermaßnahmen

-„Zahlenfreunde"[1] geübt, dazu aber auch immer wieder die Rechenoperation abgefragt, da viele Kinder die Zahlzerlegung nur auswendig lernen

-Übungsmaterial: selbst hergestellte „Übungsbücher" zu den einzelnen Zahlenfreunden (Seminarkopien) sowie Schüttelboxen; beide Übungsformen ermöglichen Selbstkontrolle

-Minutenspiel[2], Zwölfe streichen[3]

---

[1] Bei der Zahlzerlegung der Zahlen 1-10, nennt man die Ergänzungszahl für eine bestimmte Zahl auch Zahlenfreund. Für die Zahlzerlegung der 9 wäre der Neunerfreund zur 2 die 7.

-Übung „Verliebte Herzen" (10er Freunde) mit der Lernsoftware Lernwerkstatt

3.5.3. Derzeitiger Stand

Lea hat die Zahlzerlegung der Zahl 6, 7 und 10 auswendig gelernt, muss aber bei Rechenoperationen immer darauf hingewiesen werden, an die jeweiligen „Freunde" zu denken, was bei ihr jedes Mal ein „Aha-Erlebnis" auslöst. Dieser Prozess ist bei Lea noch nicht automatisiert. Die Zahlzerlegung der 10 hat sie vor den anderen gelernt, weil die PC-Übung „Verliebte Herzen" eine ihrer Lieblingsübungen ist, die sie zu Hause oft gemacht hat. Um sie weiter zum Üben zu motivieren, erhielt sie von mir den 6er ,7er und 10er-Freunde-Führerschein[4].

3.6. Addition und Subtraktion ohne Zehnerübergang im ZR 20

3.6.1. Erstdiagnose

- Das kleine 1+/-1/:Verdopplungsaufgaben und einige einfache +/- Aufgaben (z. B. 3+2, 4-1) sind automatisiert
-ZE + E rechnet sie ohne Fehler (Phase 1+3)[5]
-ZE - E gelingt nur ansatzweise in Phase 3

3.6.2. Fördermaßnahmen

- ZE + E im ZR 20 in der Phase 4 am Rechenrahmen geübt
-als Übergang zwischen Phase 3 und 4 forderte ich Lea immer wieder auf, zunächst die Augen zu schließen und sobald sie unsicher wird kurz zu schauen
-ZE - E im ZR 20 in der Phase 2 geübt

---

[2] Wartha S.69

[3] Wartha, S./Schulz, A (2012): Rechenproblemen vorbeugen – Grundvorstellungen aufbauen: Zahlen und Rechnen bis 100. Cornelsen: Berlin, S.71

[4] Ders., S.71

[5] Ders.. S. 63: Vierphasenmodell: 1. Phase: Handlung am geeigneten Material mit Versprachlichen; 2. Phase: Beschreibung der Materialhandlung mit Sicht auf das Material ; 3. Phase: Beschreibung der Materialhandlung ohne Sicht auf das Material; 4. Phase: Lösung der Aufgabe ohne Material „nur" in der Vorstellung

3.6.3. Derzeitiger Stand

Lea löst Additionsaufgaben ohne Zehnerübergang im ZR 20 ohne Anschauungsmaterial überwiegend fehlerfrei. Bei den Subtraktionsaufgaben hat sie geringe Fortschritte gemacht.

3.7. Addition und Subtraktion mit ZÜ im ZR 20

3.7.1. Erstdiagnose
-beherrscht Phase 1+2
-beherrscht in Phase 3 „einfache" Aufgaben (8+3, 9+2, 12-3, 11-2)

3.7.2. Fördermaßnahmen
-ZE +E mit Zehnerübergang Phase 3 am Rechenrahmen geübt (Hinweis: Denk an die „Zahlenfreunde")
-Roboterspiel: „Sage mir, was ich am Rechenrahmen schieben soll."
-würfeln mit zwei 10er Würfeln als spielerische Übungsform

3.7.3. Derzeitiger Stand
Beim Lösen von Additionsaufgaben hat Lea an Sicherheit und Schnelligkeit gewonnen. Ihr gelingen jetzt auch schwerere Aufgaben wie z.B. 6+7, 7+5 unter „Aktivierung" der erlernten Zahlenfreunde.

Um Lea nicht zu überfordern und zu demotivieren, bin ich beim Lösen von Minusaufgaben zunächst in der Phase 2 geblieben. Je nach Tagesform übten wir auch ab und zu in Phase 3.

3.8. Addition und Subtraktion im ZR 100

3.8.1. Erstdiagnose
-ZE +/- E ohne Zehnerübergang im ZR 100 rechnet sie sicher bis zur Phase 2
-ZE +/- E mit Zehnerübergang im ZR 100 rechnet sie sicher in Phase 1, einfache Plusaufgaben (28+3, 49+2) gelingen ihr auch in Phase 2

3.8.2. Fördermaßnahmen

-ZE +E ohne Zehnerübergang im ZR 100 am Rechenrahmen in der Phase 3 geübt

-ZE - E ohne Zehnerübergang im ZR 100 am Rechenrahmen in der Phase 2 geübt

-ZE + E mit Zehnerübergang im ZR 100 am Rechenrahmen in der Phase 2 geübt

-ZE - E mit Zehnerübergang im ZR 100 am Rechenrahmen in der Phase 1 geübt

3.8.3. Derzeitiger Stand

Additionsaufgaben s. Punkt 3.7.3.. Auch wenn Lea Aufgaben wie 6+7 oder 7+5 gut lösen kann, hat sie im ZR 100 Schwierigkeiten die analogen Aufgaben wie 56+7 oder 37+5 ebenso sicher zu lösen.

Um Lea nicht zu überfordern und zu demotivieren, bin ich beim Lösen von Minusaufgaben ohne Zehnerübergang in Phase 2 mit Zehnerübergang zunächst in der Phase 1 geblieben. Je nach Tagesform übten wir auch ab und zu in der nächst höheren Phase.

3.9. Schlussbemerkung zu den Förderstunden

Die ausführliche Diagnostik hat mir gezeigt, dass ich bei Lea zunächst den Förderschwerpunkt auf das Aneignen von Nicht-Zählenden-Strategien legen muss, damit sie ein ausreichendes Stellenwertverständnis entwickeln kann.

Grundvorstellungen zur Addition und Subtraktion sind vorhanden.

3.10. Was haben wir erreicht?

Abschließend kann man sagen, dass nach 16 Stunden konsequenter Förderung eindeutige Fortschritte erkennbar sind.

Grundvorstellungen zu Zahlen, Operationen und Strategien wurden entwickelt, wenn auch von Lea nicht immer konsequent abgerufen/angewendet (s. „Derzeitiger Stand" Punkt 3.1.-3.7.). Lea hat z. B. selbst erkannt und formuliert, dass sie mit der Nutzung der Fünferstruktur am Rechenrahmen die Zahlen schneller schieben kann.

In den einzelnen Förderstunden arbeiteten wir in der Regel an 2-3 Förderschwerpunkten jeweils 10-15 Minuten. In manchen Stunden mussten wir wieder einen Schritt zurück gehen, obwohl die höhere „Phase" schon erreicht war. Leas Konzentration schwankte –je nach Tagesform- sehr stark. Nach den Sommerferien verbrachten wir mehrere Stunden mit Wiederholungen, da Lea viel vergessen hatte und immer wieder in alte Rechenmuster zurückfiel.

Leas Selbstvertrauen bezüglich ihres „Könnens" im Fach Mathematik hat sich eindeutig gesteigert. Im Unterricht nutzt Lea mittlerweile selbstbewusst und selbständig ihren Rechenrahmen („Jetzt muss ich meine Hände nicht mehr unter dem Tisch verstecken.") und steuert neuerdings Wortbeiträge zum Unterricht bei.

Vor Beginn des Förderunterrichts war es ihr unangenehm, den Rechenrahmen zu verwenden, obwohl sie nicht das einzige Kind in der Klasse ist, das mit einer Rechenhilfe arbeitet.[6] Nach eigenen Aussagen von Lea sitzen die vielen negativen/verletzenden Bemerkungen sehr tief, denen sie in der Grundschule von MitschülerInnen ausgesetzt war, als sie zu Beginn der 2. Klasse noch Rechenhilfen benötigte.

Die genannten Lernfortschritte wären ohne die Mithilfe von Leas Eltern und die tägliche10-minütige Übungseinheit am PC während des „regulären" Mathematikunterrichts nicht möglich gewesen.

Leas Eltern berichteten mir, dass Lea sie immer wieder zum „Taschenrechnerdiktat" aufforderte und selbständig ihre „Lieblingsübungen" mit der von mir ausgeliehenen Lernsoftware durchführte. Dies ist ein eindeutiges Zeichen dafür, dass Leas Motivation im Fach Mathematik gestiegen ist. Für die ganze Familie ist die „Hausaufgabenzeit" viel entspannter geworden.

3.11. Welche sind die nächsten Förderschwerpunkte?

-bei allen bisherigen Übungen das Erreichen der Phase 4 anstreben

- Addition und Subtraktion mit ZÜ im ZR 100

-Zehneranalogien

-Verdoppeln und Halbieren (als Vorbereitung für die Multiplikation und Division)

Von der Schulleitung wurde der Förderunterricht vorläufig bis zum Ende des Schuljahres 2013/14 genehmigt.

---

[6] Meine Erfahrung zeigt, dass SchülerInnen, die gleich zu Beginn der 1. Klasse in unsere Schulform eingeschult werden, selbstverständlich und ohne „Scham" Rechenhilfen verwenden. Für SchülerInnen, die später zu uns kommen sind sie in der Regel „negativ behaftet".

4. Reflexion zu den im Kurs erworbenen Kompetenzen

Es folgt u. a. in Stichpunkten eine Zusammenfassung der vielfältigen Kompetenzen, die ich in diesem Kurs erworben habe. Der „Gewinn" ist hoch, vor allem, weil ich das Fach Mathematik nicht studiert habe und von der Fortbildung noch viele Jahre in meinem Berufsleben profitieren werde.

4.1. Diagnostik

Die Diagnostik hat mir eindeutig gezeigt, dass ich Lea im bisherigen Mathematikunterricht überfordert habe. Ich musste die Lernanforderungen in einigen Bereichen zunächst „reduzieren", damit ich mit ihr auf einer soliden Grundlagen weiter aufbauen konnte.

Bei Lea haben sich seit Beginn ihrer Schulzeit zählende Strategien verfestigt. Sie rechnete überwiegend mit ihren Händen unter dem Tisch, um nicht aufzufallen. Diese Methode beherrscht sie, ohne sich oft zu verzählen.

Ein große Hilfe war während der Fortbildungszeit meine Mathematik-Referendarin, die durch meine Berichte ebenfalls von der Fortbildung profitierte und vieles gleich im Mathematikunterricht meiner Klasse umsetzte. Da ich im Stundenplan mit ihr „doppelt gesteckt" war, konnte ich während dieser Stunden in einer „abgegrenzten ruhigen Ecke" des Klassenzimmers von jedem Schüler eine Einzeldiagnostik erstellen. Alle Kinder der Klasse profitieren seit dem von dieser ausführlichen Diagnostik.

4.2. Förderung/Mathematikunterricht

-wie wichtig das Auswendiglernen des kleinen 1+/-1 bereits im 1. Schuljahr ist

-bei Hilfestellung und Nachfragen auf die handlungsorientierte Ebene achten

- dabei die richtigen Begrifflichkeiten benutzen (Plus, Minus, Gleich, statt „mehr", „weniger", „was kommt raus")
- Fragestellungen, die innere Bilder erzeugen, verwenden (Wie viele Zehnerstangen brauchst du? Statt: wie viele Zehner brauchst du?)
- sich mit Mimik, Gestik, Kommentaren zurücknehmen (Didaktischer Vertrag) ➔lässt sich auf alle Unterrichtsfächer anwenden
- Versprachlichen der Handlung vom Schüler einfordern

-Material: „Qualität vor Quantität", immer das gleiche Material benutzen (Rechenrahmen + Mehrsystemblöcke), war den SchülerInnen im Förderunterricht auch nicht zu langweilig

-ich kann mittlerweile viel besser Rechenbücher beurteilen im Hinblick auf qualitativ hochwertige bzw. minderwertige Aufgaben

-die Konzentration ist entscheidend, Förderstunden sollten nicht in „Randstunden" statt finden

-durch die intensive Einzelzuwendung (viel Lob! Sofortige Rückmeldung) im Förderunterricht lässt sich das Selbstbewusstsein in Bezug auf das „Können" im Fach Mathematik stärken. Die Mathematiklehrerin einer Schülerin, die ebenfalls am Förderunterricht teilnahm, berichtete, dass sich die Schülerin plötzlich in ihrem Mathematikunterricht meldet.

4.3. Inklusive Beschulung

Im Fach Mathematik kann ich jetzt sicherer diagnostizieren, fördern und beraten.

5. Rückmeldung zum Projekt

- Insgesamt müsste an Schulen eine Sensibilisierung für das Thema „Rechenschwäche durch entsprechende Aus- und Weiterbildung der KlassenlehrerInnen geschehen. Ausgebildetete Rechenschwäche-Therapeuten sollten in Einzelbetreuung den rechenschwachen Schülern bei der Aufholarbeit zur Seite stehen und die Förderarbeit mit den Eltern und KlassenlehrerInnen koordinieren.

-Mathematik müsste neben Deutsch Pflichtfach im Lehramtsstudium für die Grundschule werden

-die Bereiche „Umgang mit Lese-Rechtschreibschwäche sowie Rechenschwäche" sollten spätestens in der Referendariats Ausbildung thematisiert werden. Von aktuellen Berichten meiner Referendarin weiß ich, dass in ihrem Matheseminar nicht thematisiert wird, wie man z. B. mit einem Rechenrahmen umgeht, welche Fördermaterialien sinnvoll sind etc. ...)

-Die Vorschule und das 1.Schujahrsind entscheidend für Erfolge/Misserfolge beim Rechnen

-An Schulen sollten nur noch Förderstunden mit max. 3 Kindern angeboten werden, alles andere ist uneffektiv

-Multiplikatoren-Effekt: Die Fortbildung ist auf Interesse im Kollegium gestoßen, nachdem ich auf einer Gesamtkonferenz darüber berichtete. Im April 2014 biete ich an unserer Schule eine Fortbildung zu ausgewählten Inhalten der Fortbildung „Umgang mit Rechenschwäche" an. In Form eines Rundschreibens werde ich alle Förderschulen in Kassel darüber informieren und Interessenten einladen.

-Intensive Elternarbeit (Eltern zur Mitarbeit bewegen!) ist eine große Hilfe bei der Förderung von rechenschwachen Schülern

-Nachdem mich die Erzieherin eines „Tagesgruppenkindes" aus meiner Klasse beim letzten Förderplangespräch fragte, wie sie dem Kind in Mathematik bei den Hausaufgaben die richtige Hilfestellung geben kann, entwickelte sich bei mir die Idee einen Klassen übergreifenden einen Themenelternabend (Wie kann ich mein Kind beim Lernen unterstützen?) an unserer Schule zu organisieren. Eingeladen werden neben den Eltern alle Personen, die am schulischen Lernen der Kinder beteiligt sind (ErzieherInnen, SozialpädagogInnen z. B. bei Einzelbetreuungsmaßnahmen). Der Elternabend wird nach den Osterferien 2014 klassenübergreifend statt finden. Rechenrahmen sollen u. a. gleich kostengünstig (Zuschuss vom Förderverein: die Mehrheit der Eltern beziehen HARTZ IV) von den Eltern erworben werden können.

Meine Hoffnung besteht darin, einige interessierte Eltern zu erreichen, die unsere schulische Arbeit u. a. im Fach Mathematik kompetent unterstützen wollen.

6. Verbesserungsvorschläge für eine nochmalige Durchführung des Projekts

6.1. Organisatorisch

Die „Rahmenorganisation" hat Frau A. vorbildlich erledigt.

Herr Professor B. war über E-Mail sehr schnell zu erreichen, die Rückantwort kam spätestens am nächsten Tag!

Meine Schule befindet sich nur 10 Gehminuten vom Tagungsort entfernt, daher war der Tagungsort für mich ideal.

6.2. Inhaltlich

Inhaltlich konnte ich von allen Sitzungen profitieren, da ich das Fach Mathematik von der Jahrgangstufe 1 bis 9 unterrichte. Die „10er Freunde" waren für mich ebenso interessant wie die „Einführung der Bruchrechnung".

Methodisch kann ich ebenfalls nichts bemängeln, die Mischung aus Vortrag, Multimediaeinsatz (vor allen die Lehrvideos) und Gruppenarbeit war auf meine Bedürfnisse gut abgestimmt.

Ein Verbesserungsvorschlag fällt mir jedoch ein:

Mir wäre die Möglichkeit zum Austausch (Wie verläuft die Förderung? Ideen, Probleme, ...) innerhalb der an der Fortbildung teilnehmenden FörderschullehrerInnen entgegen gekommen. Falls die Mehrheit der Teilnehmer den gleichen Wunsch hat, könnte man auf einer nächsten Fortbildung „Austauschgruppen" bilden, getrennt nach Schulformen bzw. Klassenstufen der Förderkinder.

Sehr unterhaltsam war die „lockere/erfrischende" Rhetorik des Dozenten. Ich konnte seinen Vorträgen konzentriert folgen und dabei noch viel lachen........

7. Schlussbemerkung

Zum Abschluss möchte ich einen Interviewausschnitt mit Professor G. Hüther (Professor für Neurobiologie an der Psychiatrischen Klinik der Universität Göttingen; seit April 2013 Mathebotschafter der Stiftung Rechnen) zitieren. Das Interview hat folgenden Titel „Über versaute Mathe-Karrieren – und was es braucht, dass Kinder nur ein Fünftel der Zeit in der Schule sein müssen". Ich finde, dass Hüther allen, die mit rechenschwachen Kindern arbeiten Mut macht. Biologische Faktoren spielen eine geringe Rolle im Vergleich zu den Möglichkeiten, die das Lernen bietet, wenn eine Lehrkraft es schafft, Schüler für Lerninhalte zu „begeistern".

„**Standard**: Sie sagen, um nachhaltig zu lernen, braucht das Hirn vor allem Begeisterung. Aber kann Lernen ohne Druck überhaupt funktionieren?

Gerald Hüther: Die Hirnforschung kann inzwischen zeigen, dass sich im Hirn nur dann etwas ändert, wenn es unter die Haut geht. Das Hirn ist kein Muskel, den man trainieren kann, indem man viel übt. Im Hirn passiert erst immer dann etwas, wenn derjenige, der lernt, das für sich selbst als wichtig beurteilt. Denn nur dann, wenn im Hirn diese emotionalen Zentren aktiviert werden, wird eine Art Dünger ausgeschüttet. Der düngt gewissermaßen das Dahinterliegende, was man im Zustand der Begeisterung an Netzwerken aktiviert hat. Und das führt dazu, dass man immer das, was man mit Begeisterung lernt auch so gut behält.

Standard: Warum lernen kleine Kinder so viel und so leicht?

Hüther: So ein kleiner Dreijähriger hat ja am Tag 50-100 Begeisterungsstürme, wo dann jedes Mal die Gießkanne der Begeisterung im Hirn angeht und wo alles gedüngt wird. So, und dann schicken wir die Kinder in die Schule. Da stimmt doch irgendwas nicht, wenn dann an dem Ort, wo eigentlich diese Begeisterung genutzt werden sollte, das Wichtigste verlorengeht, was die Verankerung dieser neuen Erfahrung im Hirn erst ermöglicht. Da sind wir mit unserem Schulsystem auf einem Irrweg gelandet."[7]

---

[7] Hüther, Gerald: Titel „Über versaute Mathe-Karrieren – und was es braucht, dass Kinder nur ein Fünftel der Zeit in der Schule sein müssen", unter: http://www.jugendamtwatch.blogspot.de/2012/04/hirnforscher-schule-produziert-lustlose.html.(abgerufen am 31.12.2013)

8. Literatur

Hüther, Gerald: Titel „Über versaute Mathe-Karrieren – und was es braucht, dass Kinder nur ein Fünftel der Zeit in der Schule sein müssen", unter:
http://www.jugendamtwatch.blogspot.de/2012/04/hirnforscher-schule-produziert-lustlose.html. (abgerufen am 31.12.2013)

Wartha, S./Schulz, A (2012): Rechenproblemen vorbeugen – Grundvorstellungen aufbauen: Zahlen und Rechnen bis 100. Cornelsen: Berlin